LES INSECTES
en bande dessinée

爆笑昆虫

1

Christophe Cazenove　　Cosby

[法] 克里斯托夫·卡扎诺夫 著　　[法] 科斯比 绘　　郭纯 译

贵州出版集团
贵州人民出版社

版权贸易合同审核登记图字：22-2022-083 号

图书在版编目（CIP）数据

爆笑昆虫：全 6 册 /（法）克里斯托夫·卡扎诺夫著；（法）科斯比绘；郭纯译 . -- 贵阳：贵州人民出版社，2022.11

ISBN 978-7-221-17273-0

Ⅰ . ①爆… Ⅱ . ①克… ②科… ③郭… Ⅲ . ①昆虫－少儿读物 Ⅳ . ① Q96-49

中国版本图书馆 CIP 数据核字（2022）第 163817 号

爆笑昆虫：全 6 册　BAOXIAO KUNCHONG：QUANLIUCE

[法] 克里斯托夫·卡扎诺夫　著　[法] 科斯比　绘　郭纯　译

出 版 人　王　旭
总 策 划　陈继光
责任编辑　唐　博
装帧设计　人马艺术设计·储平
出版发行　贵州人民出版社（贵阳市观山河区会展东路 SOHO 办公区 A 座，邮编：550081）
印　　刷　天津丰富彩艺印刷有限公司（天津市宝坻区新开口镇产业功能区天源路 6 号，邮编：301815）
开　　本　787 毫米 ×1092 毫米　1/16 开
字　　数　327 千字
印　　张　19
版　　次　2022 年 11 月第 1 版
印　　次　2022 年 11 月第 1 次印刷
书　　号　ISBN 978-7-221-17273-0
定　　价　168.00 元（全 6 册）

到处都是昆虫！

奶奶！你知道吗，
到处都有虫子！
我只知道，喷雾
在手，虫子没有！
轰！
“核弹”
来袭！
说真的，
你知道吗？
昆虫记
在一些炎热的地区也有虫子，比如**拟步甲**就生活在沙漠里。
嘶嘶——扎进土
里才能有点儿水
汽儿……
在一些寒冷的地方也有虫子，
人们在南极洲就发现过**跳虫**。
兄弟们，天
气好热啊！
是啊，今天
天气不错！
在水面上或水里……
在高山上……
说说说……
说说说……
说说说……
在地底下……
嗯——
在大海里……
处处……遍地……
哪里……都有！！！
好夸张，
不是吗？

想象一下，你的花园里就有成千上万只昆虫！
书上说，大约有超过300万种昆虫……
它们的数量加起来有几百上千亿亿！！！
挤挤……
喂，别挤了！
挤挤……
假设蚂蚁占昆虫总数的1%，而每只蚂蚁的重量在1～5毫克之间。
那么，蚂蚁的总重量甚至要超过地球上人类的总重量！！！
放开我！
嘿，听着，书上说不仅房子外面有昆虫！
啪！
啪！
咔嗒！
咔嗒！
昆虫记
屋子里也到处都是！！！在床上，在地板里……
呃
浴室
冰箱
有时食物里也有！
昆虫记

天哪！
你们还不知道判断昆虫的标准吗？
就是非常有名的6-4-3-2法则！
不知道？
好吧……
具体来说，就是所有昆虫都有6条腿。
像我一样！
1
2
3
4
5
6
大部分昆虫有4只翅膀，有的只有2只翅膀。
虱子没有翅膀，嘻嘻！
嗡嗡……
头部！
胸部！
腹部！
身体分为3部分！
很强壮！
别忘了，还有一对触角！
这是绝对不可动摇的……
……永恒的法则！
胡说八道，你个钳子头！
还有5-1-$\frac{1}{2}$法则！
！
呃？
那就是5条腿、1只翅膀和半只触角……
我撞上圆网蛛大娘后，就剩下这些了……
她都从我这儿拿走了……

欢迎，新蜂第18295674319号。
首先，你要打扫蜂房……
呼呼……
呼呼……
呼呼……
接着，从第11天起，你要喂养幼虫……
然后，你要修建巢脾①！
什么？
① 巢脾：蜂巢的主体，由许多六边形巢房组成。
也许别的蜂会忍受这些劳役，但我要享受我的青春，青春！
那你得等到20天以后才能出巢！
我要去旅行！
我要去看看世界！
20天？你怎么不说3周呢！
说走就走，拜拜！
嗡嗡……
啪！
哧……
灭蝇纸
咔！
嗝……
嘿，不行，不行！我的教学大纲里可没有“堵住蜂巢大门”这一条！
那您还等什么呢，还不赶紧加上？！
呼——

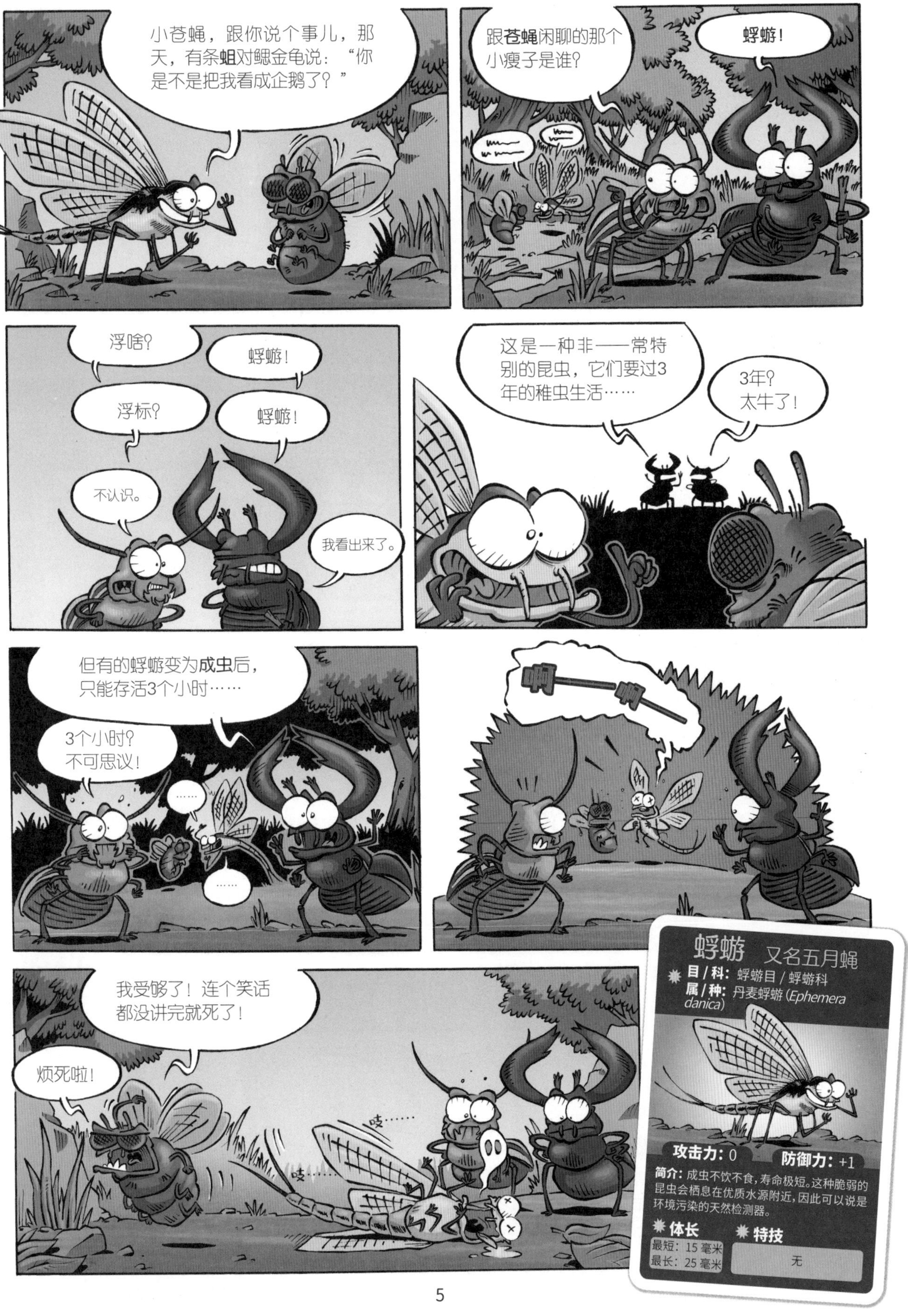
小苍蝇，跟你说个事儿，那天，有条蛆对鳃金龟说：“你是不是把我看成企鹅了？”
跟苍蝇闲聊的那个小瘦子是谁？
蜉蝣！
浮啥？
蜉蝣！
浮标？
蜉蝣！
不认识。
我看出来了。
这是一种非——常特别的昆虫，它们要过3年的稚虫生活……
3年？太牛了！
但有的蜉蝣变为成虫后，只能存活3个小时……
3个小时？不可思议！
……
……
我受够了！连个笑话都没讲完就死了！
烦死啦！
吱……
吱……
蜉蝣 又名五月蝇
目 / 科：蜉蝣目 / 蜉蝣科
属 / 种：丹麦蜉蝣（Ephemera danica）
攻击力：0
防御力：+1
简介：成虫不饮不食，寿命极短。这种脆弱的昆虫会栖息在优质水源附近，因此可以说是环境污染的天然检测器。
体长
最短：15毫米
最长：25毫米
特技
无

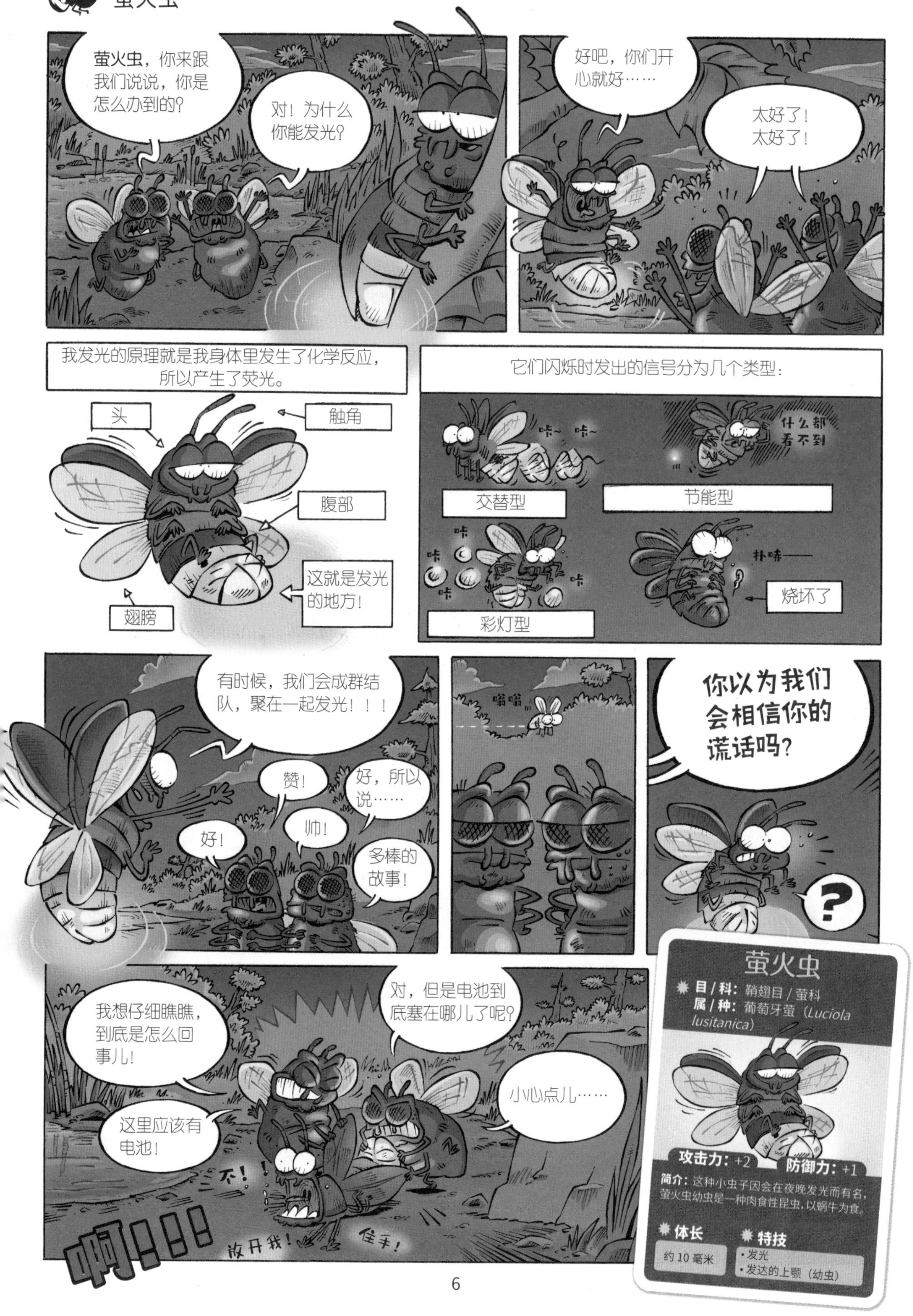
萤火虫，你来跟我们说说，你是怎么办到的？
对！为什么你能发光？
好吧，你们开心就好……
太好了！太好了！
我发光的原理就是我身体里发生了化学反应，所以产生了荧光。
头
触角
腹部
这就是发光的地方！
翅膀
它们闪烁时发出的信号分为几个类型：
咔~ 咔~
交替型
什么都看不到
节能型
咔 咔 咔 咔
彩灯型
扑哧——
烧坏了
有时候，我们会成群结队，聚在一起发光！！！
赞！
好，所以说……
好！
帅！
多棒的故事！
嗡嗡
你以为我们会相信你的谎话吗？
?
我想仔细瞧瞧，到底是怎么回事儿！
对，但是电池到底塞在哪儿了呢？
小心点儿……
这里应该有电池！
不！
啊!!!
放开我！
住手！
萤火虫
目/科：鞘翅目/萤科
属/种：葡萄牙萤（Luciola lusitanica）
攻击力：+2
防御力：+1
简介：这种小虫子因会在夜晚发光而有名，萤火虫幼虫是一种肉食性昆虫，以蜗牛为食。
体长
约10毫米
特技
•发光
•发达的上颚（幼虫）

葬甲的生命周期可以分为4个阶段。
哦……
首先是一粒被产下的卵，一般产在某具动物尸体里……
嗯嗯
噗！
接下来是幼虫……
然后是刚从蛹中羽化出来的成虫……
?!
之后，是成虫。
就是个悲剧！
啊，
为什么？
我们要到哪里去产卵？
这附近一具尸体也没有，
什么都没有！
确实是这样。
我们怎么
办呢？
咔嚓！
啦……
噗！

蝼蛄

目 / 科： 直翅目 / 蝼蛄科
属 / 种： 欧洲蝼蛄（*Gryllotalpa gryllotalpa*）

攻击力： +2　**防御力：** +2

简介： 它又被称为“土狗”，这种大虫子以植物根系和昆虫幼虫为食，它可以在地下横行无阻，勇往直前。

体长

约 50 毫米

特技

- 开掘足
- 前翅为覆翅，后翅为膜翅

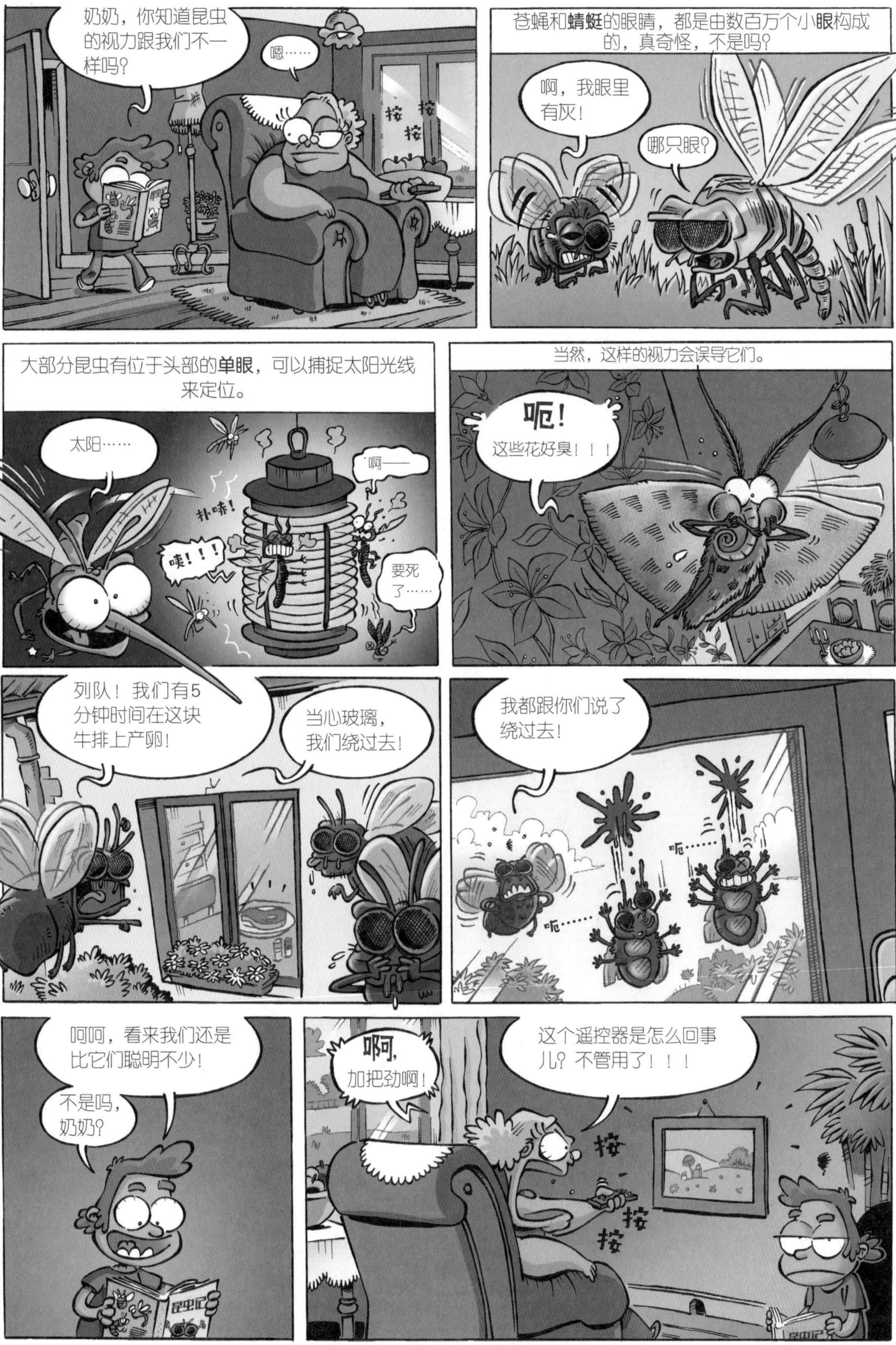
奶奶，你知道昆虫的视力跟我们不一样吗？
嗯……
按 按 按
苍蝇和蜻蜓的眼睛，都是由数百万个小眼构成的，真奇怪，不是吗？
啊，我眼里有灰！
哪只眼？
大部分昆虫有位于头部的单眼，可以捕捉太阳光线来定位。
太阳……
扑哧！
啊——
噗！！！
要死了……
当然，这样的视力会误导它们。
呃！
这些花好臭！！！
列队！我们有5分钟时间在这块牛排上产卵！
当心玻璃，我们绕过去！
我都跟你们说了绕过去！
呃……
呃……
呵呵，看来我们还是比它们聪明不少！
不是吗，奶奶？
昆虫记
啊，
加把劲啊！
这个遥控器是怎么回事儿？不管用了！！！
按 按 按

毛虫是在茧里变形为蝴蝶或蛾子的！
躯干、足和翅膀长了出来。
嗯……我好像造得太窄了！
蛹靠着毛虫时期储存的食物来生存。
又没吃的了？
太惨了！
它的呼吸很弱，而且曝露在无常的天气之中。
啊啊啊啊……
太热了！
啪！
我都要断气了！
于是，破茧成蛾的时刻……
空气！
快，快，快！！！
就意味着真正的解放！
我自由了！
自！由！
啪！
哈！哈！哈！
咔！
嘭！
咚！
不！！！
我给你准备了一个漂亮的小瓶子！你在里面一样很美！
嘭！嘭！

难以置信，这个国家简直就是为你而建的！！！
哈，你们苍蝇，总是爱夸张。
哼！
不是吗？这里的一切，是为了谁？到处都和圣甲虫有关！！！
对，古埃及人崇拜我，这是真的……
他们觉得我推的粪球和太阳很像，认为是我推动并保护着太阳。
但那不是太阳，而是个粪球！
我也在粪球里干活啊，但是我从来没被做成雕像！
嘶嘶……
啪！
哈哈哈，这个姿势不对，但不失为一个好的开始！
啊！！！
咔咔咔
圣甲虫（学名：蜣螂）
目/科：鞘翅目/金龟子科
属/种：蜣螂属（Scarabaeus sacer）
攻击力：+1
防御力：+3
简介：这种极负盛名的圣甲虫可称得上小型挖掘机，作为食粪动物（以植食动物的粪便为食）之一，它以清洁大自然为己任。
体长
最短：20毫米
最长：40毫米
特技
•外甲壳
•适合飞行

胡蜂是真正的超级英雄！
嗡
它有令人难以置信的飞行速度。
你们很擅长刹车嘛。
7千米/小时
10千米/小时
20千米/小时
胡蜂的触角让它的嗅觉异常灵敏。
嗅嗅
嗯……
感觉这里有条胖毛虫呀……
没有对手能吓到它……
哈哈！
你一健完身我就来了。
更不用说它那发达的上颚和可收缩的螯针。
拜拜！
见鬼……
都不知道挨了几下……
势不可挡的胡蜂……
咦！
停停停！
最终也难免……
百密一疏……
灭蝇纸
胡蜂
目/科：膜翅目/胡蜂科
属/种：普通黄胡蜂（Vespula vulgaris）
攻击力：+5
防御力：+3
简介：一只胡蜂每年可杀死1000只苍蝇。在那些以植物纤维做成的巢穴中，一个胡蜂群可以聚集数千只的胡蜂。
体长
最短：10毫米
最长：19毫米
特技
•可收缩的螯针
•发达的上颚

吐血叶甲得名于……
嘭
嘭
嘭
……当它觉得自己身处危险时会使用的一个小技巧！
哧！
啊！
它会吐出一摊红色的、像血一样的液体，好像真的死了一样！
?
唉，真可惜，已经断气了……
说说说……
说说说……
糟糕，又有虫来了……
哦，真可怜，它死了！
这样说太无礼了，应该说它走向了虚无……
我们怎么办？总不能把它丢在这儿吧！
那倒是。
喂！
我没死哪！
只是开个玩笑！
有虫吗？
……
……
……
说说说……

很有意思的是，人们在地铁里发现了为数不少的**蟋蟀**……
兄弟们！
兄弟们！
这种**鸣虫**需要在比较温暖的地方才能活下去……
我找到了一个超棒的地方，就在那里！
嘿！
嚯！
冷！
嚯！
嚯！
受不了了……
此刻，地铁里的温度就像在热带一样！
是吧，就像在度假一样！
确实！
为了繁衍后代，它们还要找到自己的伴侣。
那您经常来这个地铁吗？
常来！
它们等到了一趟列车经过……
这是19点07分的列车，正准点……
轰！！！
它们在列车下的高温中嬉戏！
不过，蟋蟀的头号敌人从未远离……
那就是地铁罢工！
嚯！
冷！
冷！
嚯！
嚯！
冷！

蚂蚁有保护蚜虫的义务。
救命！
啊呜！
救命！
作为交换，蚜虫会为蚂蚁献上一种美味的蜜露。
唉，好吧……
哼！
它是不是疯了？
蚂蚁极为迷恋这种美味！
救命恩人，请收下！
请您品尝这玉露琼浆！
噢！
吸溜！
真美味！来吧，我要去干活了！
我还有3吨的食物要搬回家！
你开心就好！
呼！我还想喝一大口！
拿去吧！
吸溜！
啊呜……
?
我发现它们害怕的时候，产出的蜜露更好喝！
咦！！！
吼！！！
啊呜！
吃了你们！

日本蜜蜂最害怕的……是大胡蜂！
嗡嗡嗡！！！
黄色警报！
嘿！嘿！嘿……
有虫向我发出信号，说有只胡蜂前来侦查！它会先侦察我们的蜂巢，然后带着同伴前来攻击！
呃！
我们要用一种不会误伤自己的方式攻击它：热球团！
我向那些不太明白的蜂重复最后一次：
1.让这只侦察蜂先进来……
咚咚，有虫在吗？
2.冲向它，并以最快的速度振动翅膀！
冲啊！！！
3.憋死它！
嗡嗡嗡
啊……
嗡嗡嗡嗡
不过……
你个笨蛋，怎么能独自使用这个方法呢？
可能我翅膀甩得还不够快……
啊

师父，我也想当师父！我也想！！！
耐心点儿，年轻蚁！一只蚂蚁的生命就是无数耐心构成的……
还有，就是你还得有……
啊！！！！
师父！！！
蚁狮正等着它的猎物掉进它的陷阱。
啊！
师父，还有什么？
它们还会向猎物喷射沙粒以加快其坠落……
啊呜！！！
咚！
呃……
接下来它们会先吞掉猎物的内脏……
到底还要有什么呀，师父？
咔嚓！
吸溜！啊呜！
咕噜！
再吐出它们的外壳！
噗！
酷！师父的铠甲！！！
现在我是师父了！
呃……
蚁蛉
目 / 科：脉翅目 / 蚁蛉科
属 / 种：欧洲蚁蛉（*Euroleon nostras*）
攻击力：+6
防御力：+3
简介：如果说蚁蛉的成虫个体长得类似蜻蜓，那它的幼虫蚁狮则完全不像。这位挖陷阱的好手会在沙地里挖一个漏斗形陷阱，让猎物自己掉进去。
体长
约 10 毫米
特技
• 陷阱
• 贪吃

我说，屎壳郎，
你能看看路吗？
让开！
啊！！！
?
救命呀！
我们都会被
压扁的！

让虫闻风丧胆的螳螂

螳螂称得上真正的连环杀手。
这个新杀虫剂的味道不错啊……
对，我喜欢！
它那锯齿状的足，使它像一个可移动的陷阱。
哦，当心！
一只螳螂！！！
它胃口惊人……
要是它还没吃点心，咱俩就死定了……
几乎没有懵懂无知的虫子会和它正面对抗。
我们该怎么办？
它没看见咱俩，那我们就等它走了以后再……
过了很久……
它怎么一直站在那儿……
这等得也太久了……
我们总不能在篮子后面过一辈子吧？
你要相信我，我跟你说过了……
它会失去耐心的！
哦，天哪，你的塑料螳螂是在哪里买的？
螳螂
目/科：螳螂目/螳螂科
属/种：薄翅螳（Mantis religiosa）
攻击力：+7
防御力：+6
简介：螳螂又叫“草中虎”，可以隐藏在植物中而不被发现。螳螂会飞，拥有立体视觉，其头部可以转动180度。
体长
最短：50 毫米
最长：80 毫米
特技
•静止不动
•迅捷捕食

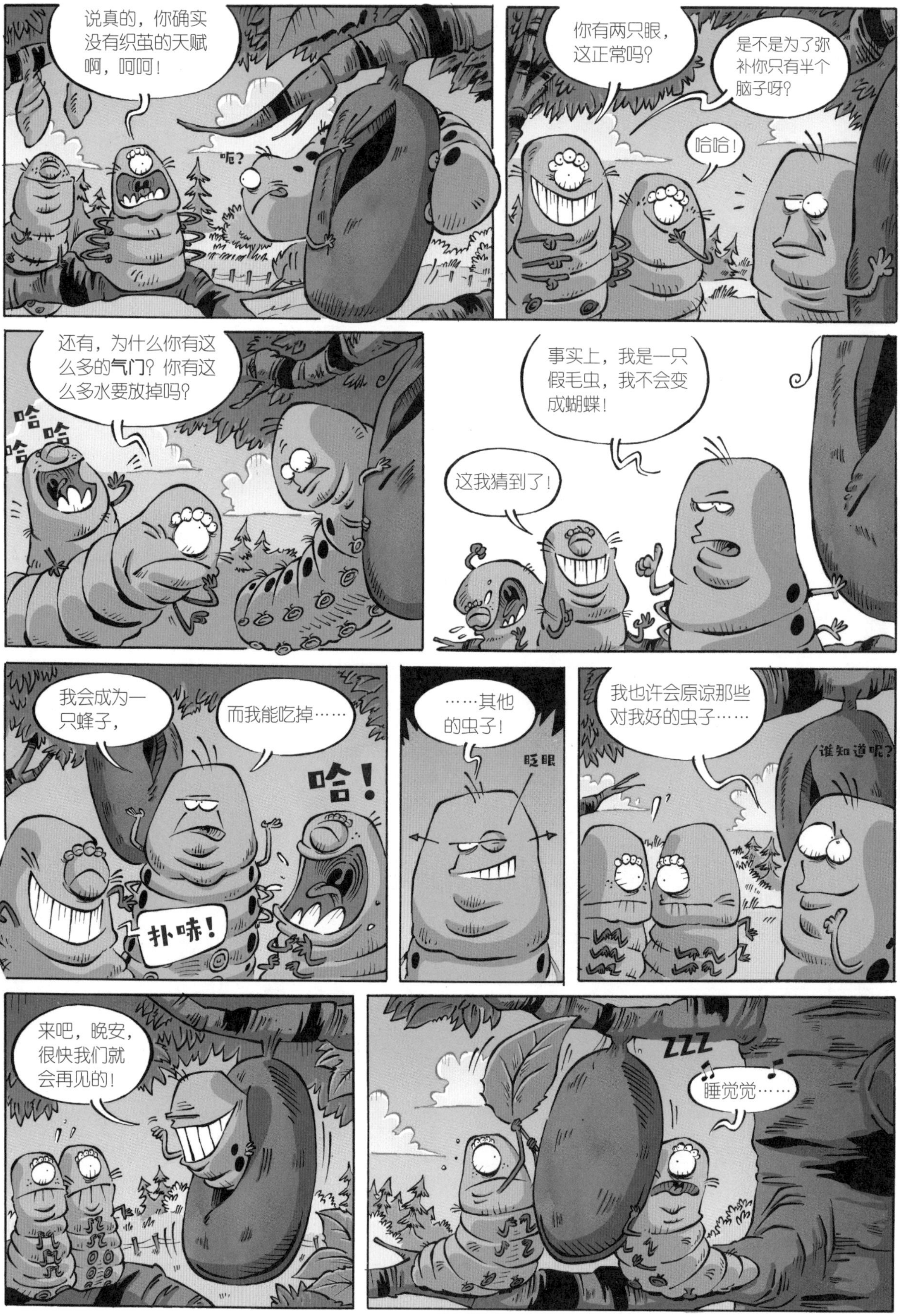
说真的，你确实没有织茧的天赋啊，呵呵！
呃？
你有两只眼，这正常吗？
是不是为了弥补你只有半个脑子呀？
哈哈！
还有，为什么你有这么多的气门？你有这么多水要放掉吗？
哈哈哈
事实上，我是一只假毛虫，我不会变成蝴蝶！
这我猜到了！
我会成为一只蜂子，
而我能吃掉……
哈！
扑哧！
……其他的虫子！
眨眼
我也许会原谅那些对我好的虫子……
谁知道呢？
来吧，晚安，很快我们就会再见的！
ZZZ
睡觉觉……

哇呜！
在我右边的是凶猛的犀金龟！！！
好！
上吧！
在我左边的是全能的、令人震惊的鹿角锹甲！！
耶！
吼呜！
两位巨虫间的战斗即将打响！
叮！
上吧！
咣！
哦！
啊！它们俩打得精彩极了！
啊！
咚！！！
你觉得谁会赢？
呃，说这个还太早！
呃！！！
不是把对方打倒就算赢……
啊？那怎么才算赢？
简单！
谁先松口谁赢！
啊！啊！
啊！
别扯了！
太惨了！
卡住了！
犀金龟
目/科：鞘翅目/金龟子科
属/种：犀金龟（Oryctes nasicornis）
攻击力：+4
防御力：+6
简介：这是世界上最大的甲虫，可以长到16厘米，能举起自身重量850倍的东西。雄性的犀金龟长有头角。
体长
可达 160 毫米
特技
•力气大
•坚硬的背甲

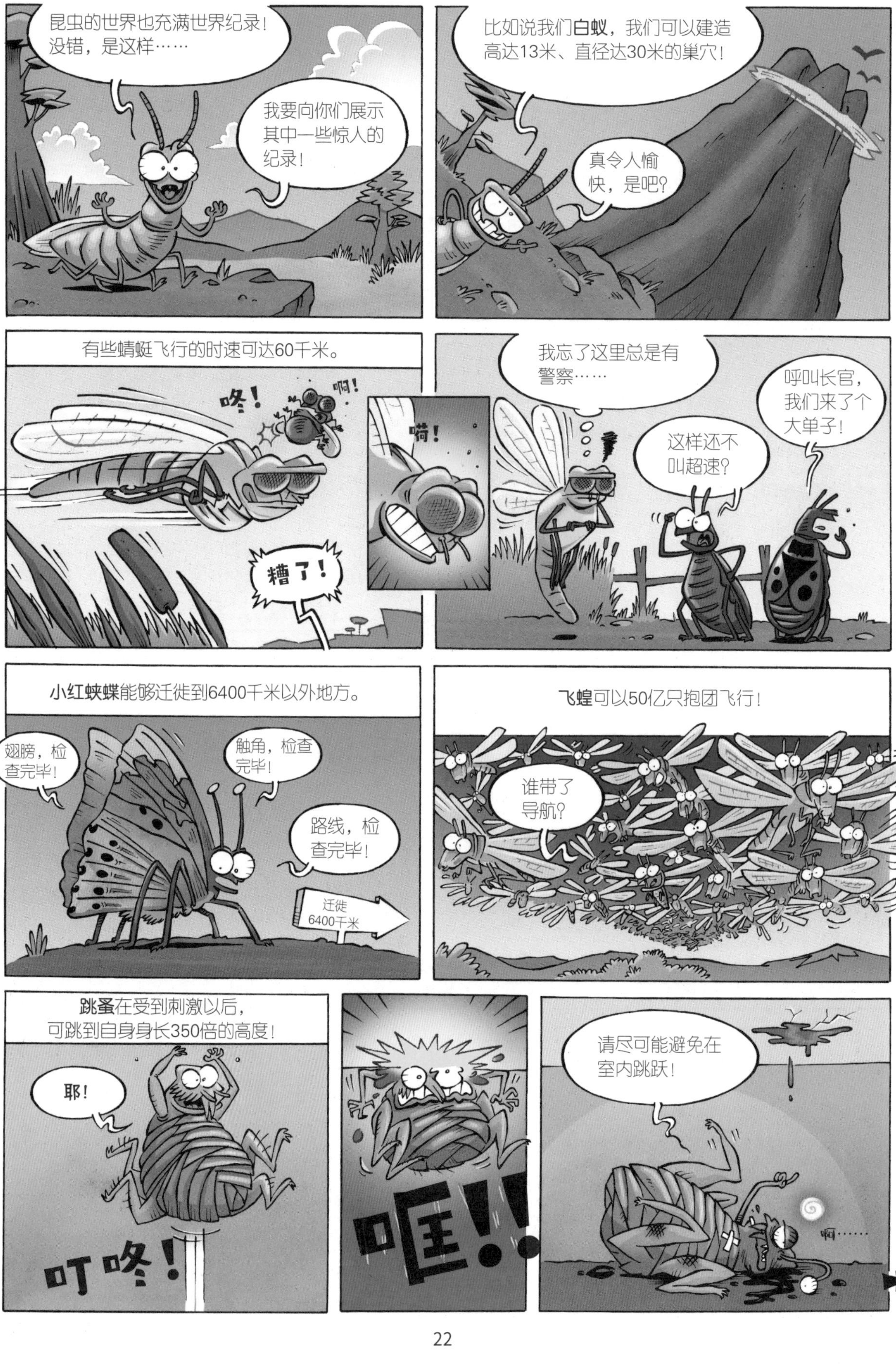
昆虫的世界也充满世界纪录！没错，是这样……
我要向你们展示其中一些惊人的纪录！
比如说我们白蚁，我们可以建造高达13米、直径达30米的巢穴！
真令人愉快，是吧？
有些蜻蜓飞行的时速可达60千米。
咚！
啊！
糟了！
嗬！
我忘了这里总是有警察……
这样还不叫超速？
呼叫长官，我们来了个大单子！
小红蛱蝶能够迁徙到6400千米以外地方。
翅膀，检查完毕！
触角，检查完毕！
路线，检查完毕！
迁徙
6400千米
飞蝗可以50亿只抱团飞行！
谁带了导航？
跳蚤在受到刺激以后，可跳到自身身长350倍的高度！
耶！
叮咚！
哐！！
请尽可能避免在室内跳跃！
啊……

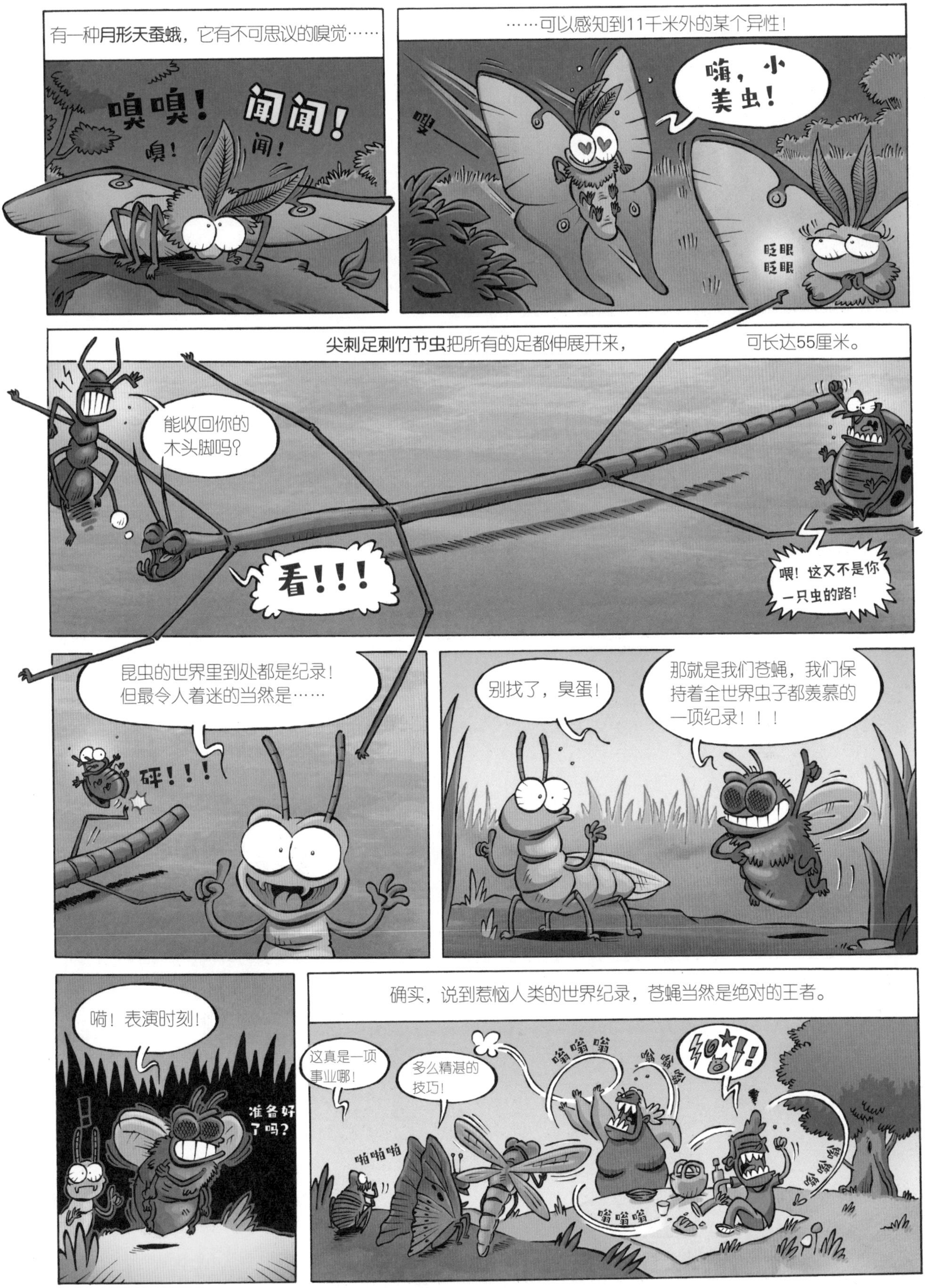
有一种月形天蚕蛾，它有不可思议的嗅觉……
嗅嗅！
嗅！
闻闻！
闻！
……可以感知到11千米外的某个异性！
嗖
嗨，小美虫！
眨眼
眨眼
尖刺足刺竹节虫把所有的足都伸展开来，
可长达55厘米。
能收回你的木头脚吗？
看！！！
喂！这又不是你一只虫的路！
昆虫的世界里到处都是纪录！但最令人着迷的当然是……
砰！！！
别找了，臭蛋！
那就是我们苍蝇，我们保持着全世界虫子都羡慕的一项纪录！！！
嗬！表演时刻！
准备好了吗？
确实，说到惹恼人类的世界纪录，苍蝇当然是绝对的王者。
这真是一项事业哪！
多么精湛的技巧！
嗡嗡嗡
嗡嗡嗡
嗡嗡嗡
嗡嗡嗡
嗡嗡嗡

这是一只**食蚜蝇**，
它总是被当作胡蜂。
但这只是伪装！事实上，这是一种蝇。
就因为这，我从来没有被别的昆虫打扰过！
它吃花粉，能**定格飞行**，尤其是……
糟糕！
……能在全速飞行状态下改变方向！
嘿！
呼！
这些技能用来逃避天敌**蜂虎**很管用。
呼！
哧！
搞砸了！
呼！
呼！
呼！
耶！
没中！
但是食蚜蝇始终是蝇，
于是它成了胡蜂的首选美食。
哦……
喂，姑娘们，你们不是说想吃食蚜蝇吗？
啊，不不，我也是胡蜂……
嗯，我喜欢吃食蚜蝇！！！
可是我也是胡蜂哪……
黑纹食蚜蝇
目/科：双翅目/食蚜蝇科
属/种：黑纹食蚜蝇（*Episyrphus balteatus*）
攻击力：0
防御力：+6
简介：黑纹食蚜蝇与胡蜂长得很像。由于食蚜蝇飞行的速度很快且能迅速改变方向，因此它并不是一种容易被捕获的猎物。
体长
最短：8毫米
最长：12毫米
特技
·动作迅速
·拟态

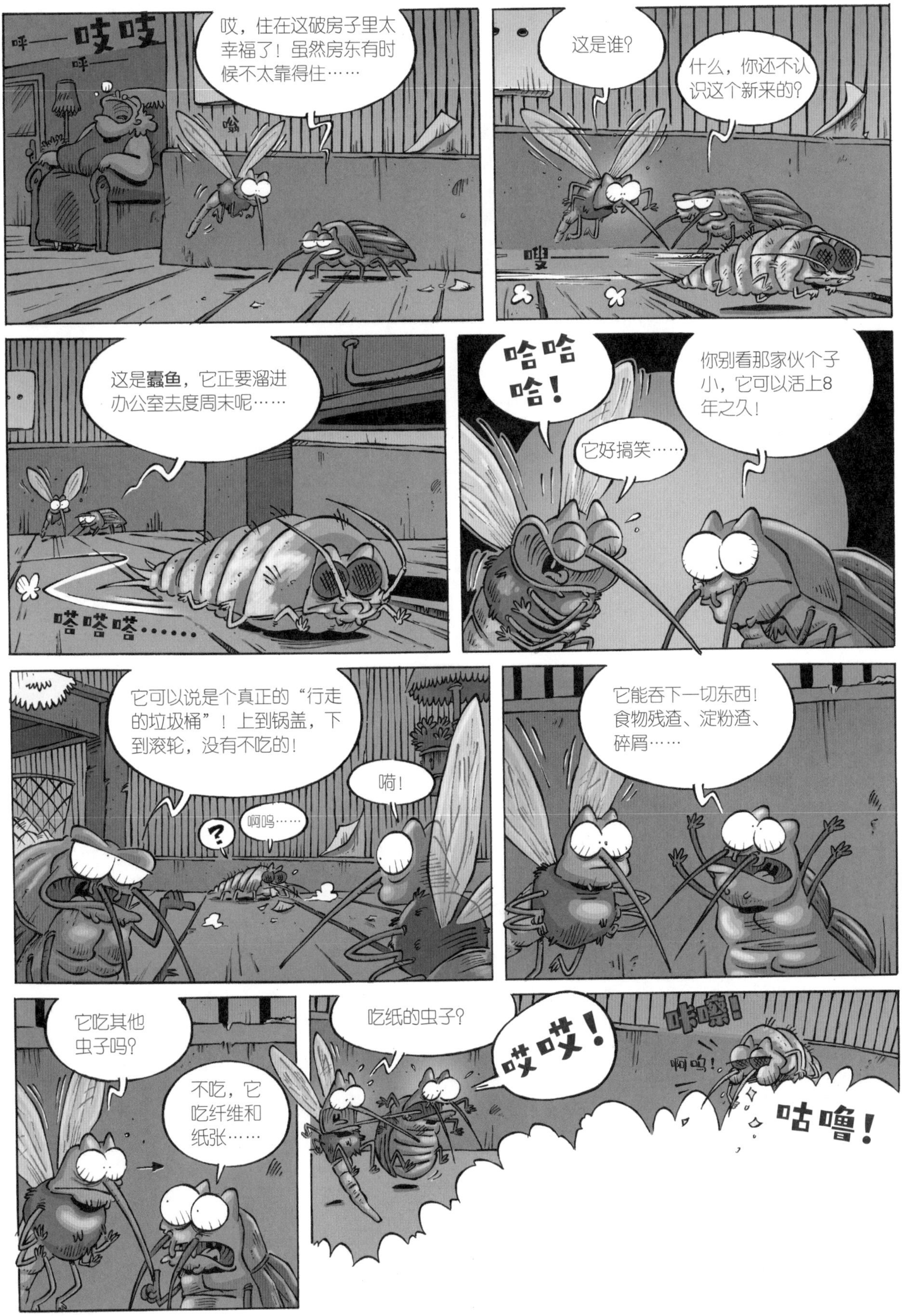

呼——吱吱
呼——
嗡
哎，住在这破房子里太幸福了！虽然房东有时候不太靠得住……
这是谁？
什么，你还不认识这个新来的？
嗖
这是蠹鱼，它正要溜进办公室去度周末呢……
嗒嗒嗒……
哈哈哈！
你别看那家伙个子小，它可以活上8年之久！
它好搞笑……
它可以说是个真正的“行走的垃圾桶”！上到锅盖，下到滚轮，没有不吃的！
啊呜……
嗬！
它能吞下一切东西！食物残渣、淀粉渣、碎屑……
它吃其他虫子吗？
不吃，它吃纤维和纸张……
吃纸的虫子？
哎哎！
咔嚓！
啊呜！
咕噜！

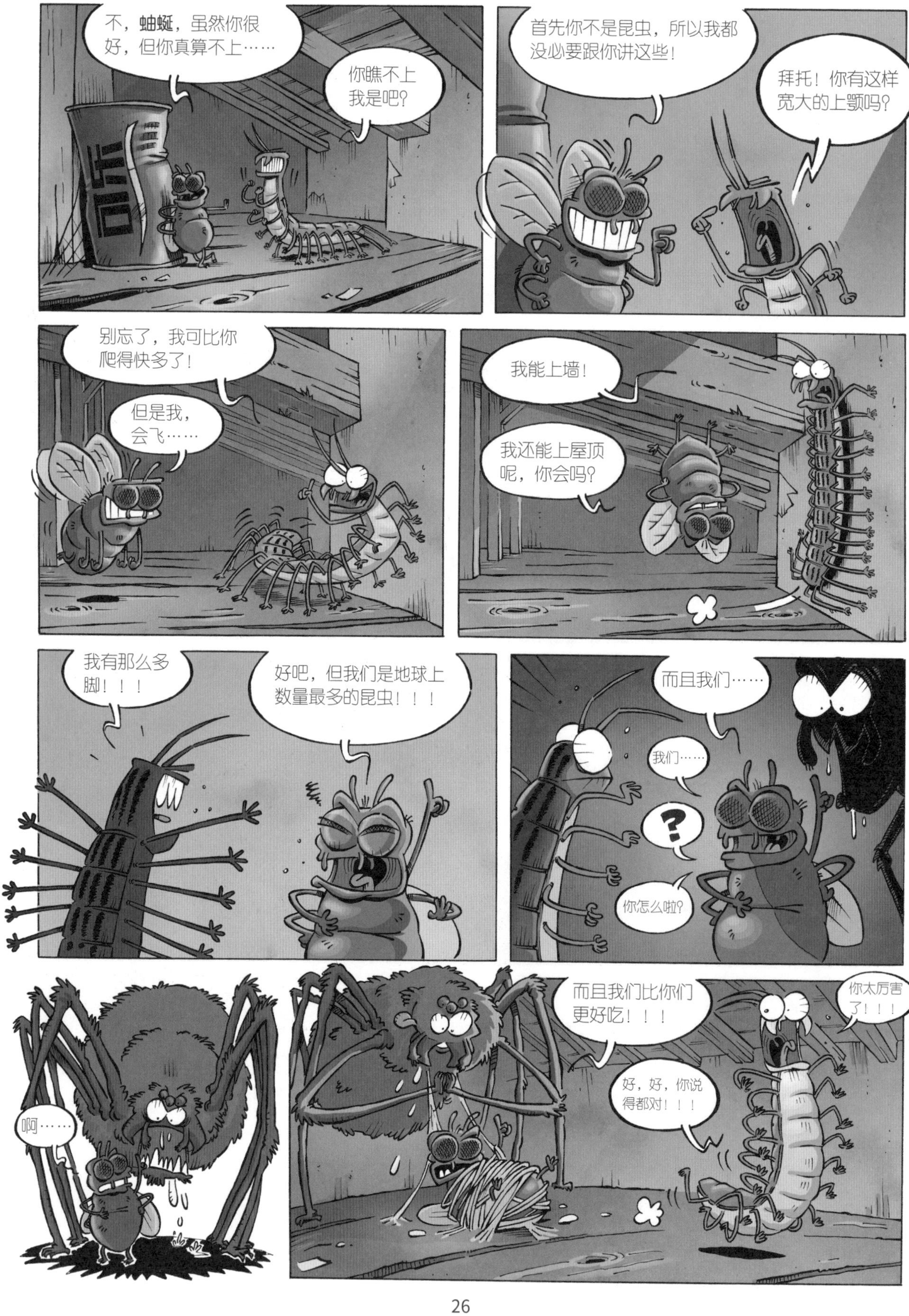
不，**蚰蜒**，虽然你很好，但你真算不上……
你瞧不上我是吧?
首先你不是昆虫，所以我都没必要跟你讲这些!
拜托!你有这样宽大的上颚吗?
别忘了，我可比你爬得快多了!
但是我，会飞……
我能上墙!
我还能上屋顶呢，你会吗?
我有那么多脚!!!
好吧，但我们是地球上数量最多的昆虫!!!
而且我们……
我们……
?
你怎么啦?
啊……
而且我们比你们更好吃!!!
你太厉害了!!!
好，好，你说得都对!!!

啾！
赶紧！赶紧！！！
真倒霉！
真倒霉！
只有拟态才能逃过一劫！
嗯，泥啥？
我们必须要模仿大自然中的东西！
哦，对！好主意！
我们必须让这只鸟相信，我们是一片叶子或是一根树枝……
嗯……
了解！
快，它来了，赶紧像我一样装死！
对！这不就是吐血叶甲的小把戏吗！
哈哈！！！找到了！
小家伙们！
这些家伙的心脏太脆弱了……
没兴趣！
哈哈！我们好熟练哪！我们可以去演戏了！
呃……
我们已经有观众了……
太棒了！
啊呜！

竹节虫藏在哪儿呢?
看，有段树枝正在动!
嘘，西蒙，别吃草啦!
它的确就像是一截木头……
别的昆虫一靠近，它就会把自己隐藏在背景里。这儿有只蝈蝈……
看不见我，看不见我……
一只鳃金龟……
看不见我，看不见我……
一只蝴蝶……
看不见我，看不见我……
……还有白蚁！！
看不见……
咕噜
不不不！！！白蚁可不行呀！！！
啥?
还不赖，是吧?
咔！咔！
咔嚓！
高卢竹节虫
目/科：竹节虫目/杆䗛科
属/种：高卢竹节虫（*Clonopsis gallica*）
攻击力：0
防御力：+6
简介：这种杆状的生物可以隐藏在植物中。处于若虫阶段的竹节虫会自断其足以逃避捕食者。
体长
可达 75 毫米
特技
• 静止
• 拟态

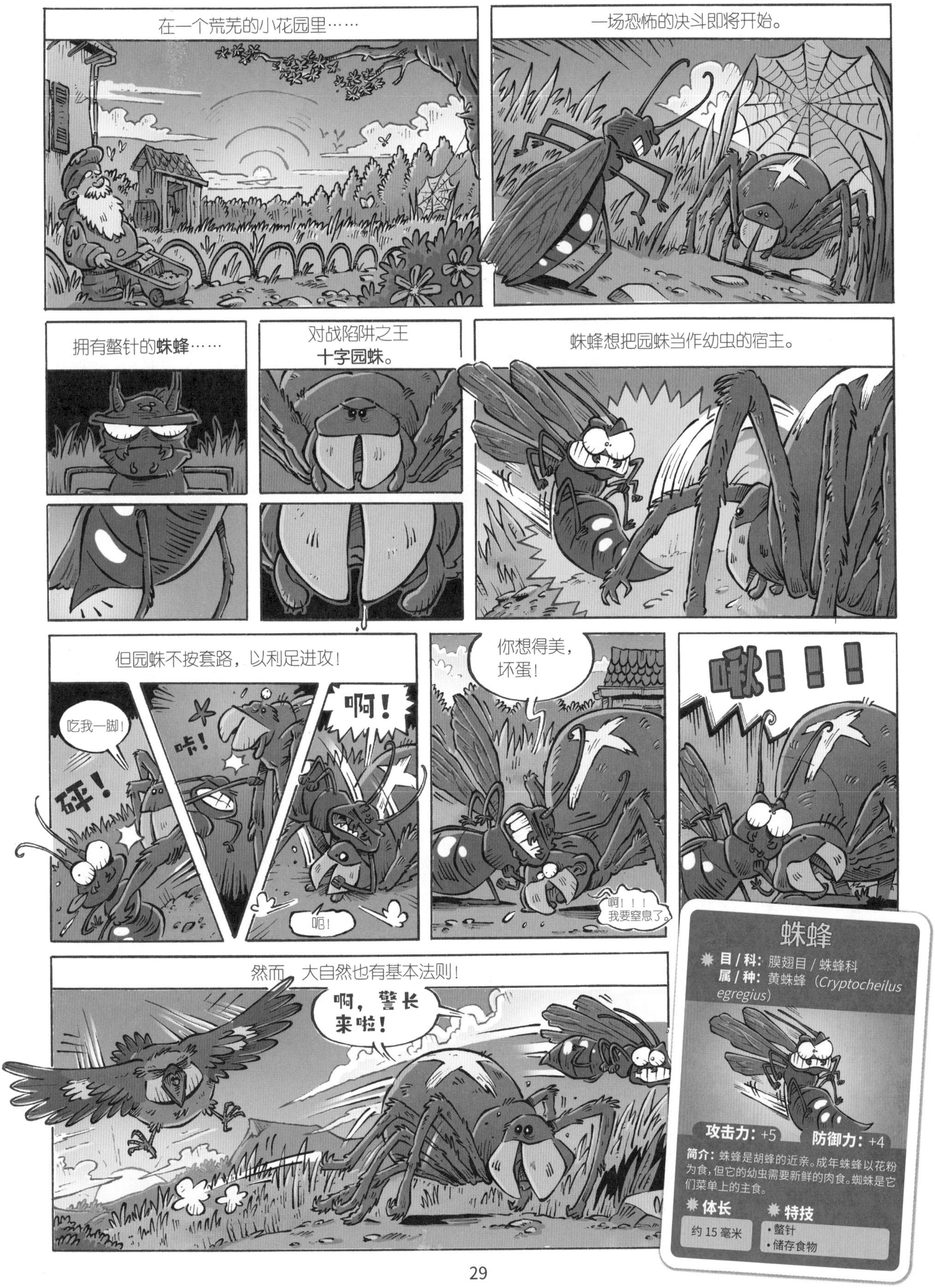
在一个荒芜的小花园里……
一场恐怖的决斗即将开始。
拥有螫针的**蛛蜂**……
对战陷阱之王
十字园蛛。
蛛蜂想把园蛛当作幼虫的宿主。
但园蛛不按套路，以利足进攻！
吃我一脚！
砰！
咔！
啊！
呃！
你想得美，
坏蛋！
啊！！！
我要窒息了。
啾！！！
然而，大自然也有基本法则！
啊，警长
来啦！
蛛蜂
目 / 科：膜翅目 / 蛛蜂科
属 / 种：黄蛛蜂（*Cryptocheilus egregius*）
攻击力：+5
防御力：+4
简介：蛛蜂是胡蜂的近亲。成年蛛蜂以花粉为食，但它的幼虫需要新鲜的肉食。蜘蛛是它们菜单上的主食。
体长
约 15 毫米
特技
• 螫针
• 储存食物

喂，夜间小飞虫，能不能别在光源前开派对？立刻停止！你们把我的孩子们吓坏了！！！
呜呜！！！

昆虫的世界并不是寂静无声的，很多昆虫都会鸣叫。
哼，哼……
一二三……
蟋蟀是通过摩擦翅膀发声的。
嚁！
嚁！
嚁！
嚁！
据说有些划蝽可以摩擦头部发声①。
嗒咔！
嗒咔！
嗒咔！
① 也有学术观点认为划蝽不发声或用其他部位发声。
至于鬼脸天蛾，它用自己短短的口器来发声。
啊……
阿嚏！！！
扑哧！
白蚁为了交流，会撞蚁穴的墙壁，或相互撞头。
哟吼！！！
咚！
完全没懂它在对我说什么……
蚊子会以每秒600下的速度振动翅膀，发出它们非常喜欢的嗡嗡声。
73，74，快到了哟！
吱吱……
吱吱……
嗯……
但苍蝇的叫声是最让人心碎的。
啦啦啦啊啊
嗡……
啦啦啦啊啊啊啊救救救救命！！！
尽管不会持续很长时间。

共生的例子

呃?
前方注意！
你现在要吃这只蝴蝶幼虫吗？
这不是用来吃的！
你知道共生吗？这种幼虫会产出你很喜欢的蜜露！
呵……
呵……
真的？
作为交换，它会和我们待在一起，以抵御严寒。
两份蜜露，去沫！
马上就好！
当它变成蝴蝶之时，它就会毫不留恋地离开蚁穴！
再见！
呜！
吸溜！
这种模式的确很妙！
我要把它放在幼虫的巢穴里，那样它会很暖和！
耶！耶！耶！
这些爱哭的小鬼会不会打扰它？
嘘！
不会！它看上去很喜欢这些孩子！
确实是这样……
咔嚓！啊呜！
咕噜！
霾灰蝶
目/科：鳞翅目/灰蝶科
属/种：霾灰蝶（Maculinea arion）
攻击力：+2
防御力：+1
简介：这种蝴蝶的毛虫依赖蚂蚁来完成自己的变态，因会产生蜜露，它会被带到蚁穴由蚂蚁们好好照顾。
体长
约50毫米
特技
• 伪装
• 胃口好

砰！
砰！
呃，发生了什么事？
你别怕！奶奶正想要消灭我们的朋友**蜘蛛**呢！
不是吧？我要看看，我要看看！
我就知道，是你在我睡觉时咬了我！！！
嘿，嘿！
砰！
姐妹，你想要换个新发型吗？
看，那个小孩来了……
砰！
砰！
奶奶，别打了！！！你弄错了！看，我的书上说了！
说什么？
睡觉时被昆虫咬的小伤口，不能都怪到蜘蛛头上……
好，那怪谁？
哼，你别动！
昆虫记
应该是雌蚊子，它们有时会在相同的地方咬好几次！
糟了！
好了，姐妹们，你们想不想试试新香水？
扑哧！
扑哧！
扑哧！

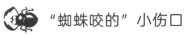

“沼泽霸王”帝王伟蜓

这是伟蜓，沼泽霸王……
嗡——
也是欧洲最大的昆虫！
来吧，小虫子！
啊！
跑！
它的先祖——巨脉蜻蜓，生活在石炭纪。
嗯……一只漂亮的蜻蜓！
在地球上存在过的昆虫中，它是最大的（身长约30厘米，翅展约70厘米）！
嗖！
?
如今，伟蜓也能在飞行中捕捉猎物。
好了，我有了前菜、主菜……
而它的稚虫会吃些软体动物和蝌蚪。
伟蜓确实称得上……
嘶咔！
呃！
呃……这是蟾蜍，真正的沼泽之王。
咔嚓！
咔嚓！
帝王伟蜓
目/科：蜻蜓目/蜓科
属/种：帝王伟蜓（Anax imperator）
攻击力：+5
防御力：+4
简介：伟蜓的双翅展开可达11厘米长，这是欧洲最大的昆虫。作为食欲旺盛的肉食动物，它可以在飞行中捕食。
体长
最短：80毫米
最长：100毫米
特技
• 擅长飞行
• 体格大

嘿，请问为什么那只虫子的背上有斑点？
哼
哼
那代表了这只瓢虫能活几个月。它有7个斑点，所以它能活7个月！
你在胡说八道什么呢！
哇！
所有虫都知道，这和寿命没有关系，只和种类有关！
好！
好！
听着，小子！如果你是一只异色瓢虫，那你的背上就有22个点。没什么难理解的。
我的朋友有2个点的、22个点的……就是这样！
还有只有一个斑点的！
嗖！
啊！！！
我错了！这代表它们还剩几分钟可以活……
咔嚓！！！
啊呜！！！

你给我们讲讲**马铃薯甲虫**的历史吧！
据说，很久以前……
嗯？
好耶！！
那是一段神奇的冒险之旅！
……是一段抗争史！
一百年以前，我们生活在美国的野生植物上……
咔嚓！
之后，我们开始喜欢吃白薯。在一战期间，我们和士兵们来到了法国……
耶！
子弹声、爆炸声，还有飞机声……
轰！
啪！
啪！
轰！
跑！
跑！
嗖
嗖
轰！
可以说，我们是靠自己赢得了现在的地位！
喂，我好像听到了您说的飞机声！！！
很正常……
我从来没说过战争结束了……
嗡……
马铃薯甲虫
目/科：鞘翅目/叶甲科
属/种：马铃薯甲虫（*Leptinotarsa decemlineata*）
攻击力：0
防御力：+1
简介：人们也叫它“科罗拉多小野兽”，它爱吃土豆的叶子，也可以接受番茄和茄子。
体长
最短 10 毫米
最长 12 毫米
特技
·胃口好
·会飞

所以说，先生，在不同地区，你有好几个不同的名字？
你看……

①无翅红蝽的颜色很像16、17世纪法国军队的制服，所以有的地方也叫它“宪兵虫”“士兵虫”。现代法国宪兵也承担一部分警察的职责，在本书中，无翅红蝽以昆虫警察的形象出现。

士兵虫①……
鞋匠虫、骑兵虫……
火蝽……
还有光头虫？

更糟的是，先生，你还喜欢吃珍贵的榆树和椴树！
你不喜欢悬铃木是因为它太粗糙了！
这些毛毛让我痒痒！
吸
别忘了，你还是孩子们的最爱，太可爱了，他们多想和您玩哪！
这家伙开始吹捧我了……
像你这样的虫子……
就是个自以为是的家伙！！！
等一下，你忘了很重要的一点！！！
嗯……
比如你看上去无趣又搞笑？
哼哼！
不对！
我是一种群居的昆虫……
什么，你说啥呢？
我们一大家子都住在一起！
啊
救命哪！
不不不，让我出去！

松异舟蛾的幼虫总是列队外出。
向前，向前……
前进！只有一个头能露出来！
保持队列！一二一，一二一……
真遭罪呀，队长它……
它是不是还把我们当成小虫子啊？
正在此时，队伍被打断了。
终于到家了！！！
咔嚓！
铃！铃！
伯纳德！！！不！！！
救……救我……
回去保持队形！只有一个头能露出来！
救我……
最终，毛虫变成了夜蛾。
呵……欠……
夜蛾们要着手进行一项很少提及的课题……
好……
夜蛾队长疯了！
所有蛾保持队形！！！
只有一个头能露出来！！！
不是向右啊！！！
啦啦啦
松异舟蛾
目/科：鳞翅目/舟蛾科
属/种：松异舟蛾（Thaumetopoea pityocampa）
攻击力：+4
防御力：+1
简介：这种蛾的幼虫会在松树上织巢群居，它会向空中发射毛刺，这种毛刺可能会引发荨麻疹等过敏反应。
体长
可达 40 毫米
特技
• 毒刺
• 群居

不同于人类，昆虫的血并不运送氧气……
嗡——
它只传输养分和垃圾。
什么？
你就是这样对待垃圾的？
昆虫的血有各种颜色。有些蚂蚁的血是白色的……
走开，蚜虫！
我跟你说过了，这不是蚁乳！
竹节虫的血是粉红色的……
我原以为我是能经得住这一下的……
吐血叶甲的血是红色的，毒蛾的血是黄色的……
啊！啊！
啊……
蚱蜢的血是橙色的……
噢！
咚！
咚！
你们……
你们不觉得这很有意思吗？
别来烦我了，我分不清颜色，我是个色盲！
还有竹节虫可以吃吗？
咔嚓！
啊呜！！！

苍蝇产卵

苍蝇有一个恶心的怪癖。
哦……
它喜欢把卵下在那些最恶心的地方！
哦，这是我所能找到的最脏的地方！
比如说在马厩里……
啊……幸福……
噗！
在动物的尸体上……
呃……
在死水里……
或是腐烂的肉里！
啊，闻起来真不错！！！
我怎么能拒绝呢？
搞什么呀？
噗！
对不起，爷爷……
太淘气了！
怎么可以趁我午睡时在我身上产卵！

蜜蜂，实至名归的舞蹈之星！
嘿！！！
姑娘们！！！
因为跳舞是它与同伴交流的方式。
嘿嘿！！！
我好不容易找了一个花粉特别多的地方！
在哪儿？
在哪儿？
它朝某个方向跳舞时，是以太阳为参照物来表示花的位置。
它跳得有快有慢，这是在表示食物源和蜂巢之间的距离。
对其他蜜蜂来说，这些信息非常好理解……
啊！
同意！
嗯……
它们能立刻赶赴它说的地方！
出发！
嘿，姑娘们，别在巢里用痒痒粉，这会让虫笑话的！
那儿！
不，那儿！
那儿！
挠
挠
挠
不，那儿！

有人说，蚂蚁是动物世界里最好斗的生物。
放下这半块饼干，你这肮脏的小贼！！！
在你向我挑衅之前，我要打掉你的上颚，你这个胆小鬼！
什么？
我要扯掉你的触角，胆小鬼！
做梦吧！！！
砰！
砰！
就像其他生物一样，蚂蚁之间的战争也是非常有组织性的，首先它们会观察……
哦，那儿打起来了！
砰！
砰！
然后会发出警报……
警报！警报！
它们还会向上级报告！
什么？附近的蚁群抓走了我们的蚁？
是的，女王陛下……两脚就抓走了！
开战！！！
但是无论有没有组织，这场战争最后都会变成一场群殴！
绝不饶恕！！！

战争规模庞大，激烈无比……
啪！
噗
咔
有横行无忌的**大颚**……
咔咔！
还有喷射的**蚁酸**……
噗！
噗！
噗！
啊！
别忘了，还有言语攻击……
你个养蚜虫的坏蛋！
蚁后也承担着巨大的压力！
陛下，我方还需要1000到2000名战士！
来了，来了……等两分钟！
噗！噗！

要想战争结束，只能等一个蚁群被摧毁……
也有可能是两个。
?
哦，哦……
还有蚁吗？
不可能吧，我是唯一一只活下来的蚂蚁？
可怕！
嗨……
哦，看到你真高兴！
看看它们都干了什么……
你说得对，你们都干了些什么，哈哈哈！
所以人们说“蚂蚁是整个动物世界里最好斗的”……
哈哈！哈！
……是有道理的！
垃圾！
叮！
臭蛋！
间谍！
啪！
咚！
（完）

求生新装扮

哈，您在这儿！我很高兴您能走这么远，因为这附近确实有点儿危险，要留心捕食者会出现。

是，我们这个体格很容易遭遇危险。“吃或者被吃”，大自然的严酷法则再有道理不过了。

有些虫子说，最有效的生存方式是逃跑！可最有利的方式还是隐身。何况我们只有几毫米大小，相信我，这看上去并不大。很幸运，大自然是站在我们这一边的，它预见了一切，让我们得以尽可能隐形。可问题是它对想要吃掉我们的捕食者也一样大发慈悲。

所谓伪装和拟态，就是帮我们避开送命在某个饥饿的家伙嘴里的诸多办法之二。但我承认，这不太容易理解。所以，您将会看到我找来了好多伙伴作例子，尽可能方便您理解。我们会尽最大努力向您解释。

请您仔细看，这并不常见。我们的隐身技巧可谓一流！

拟态，伪装，这都是什么意思？

请注意，拟态和伪装是两种完全不同的概念。请不要混淆，嗯！即便它们追求的目标是一致的：不要被吃掉。但是伪装，经过了数千年的进化，不是说干就能干的。请让我来给您好好解释一番……

技巧满满！

拟态的目标是尽可能地像想要模仿的生物。通过逼真的颜色、气味、形态来蒙骗捕食者。是的，逃跑并不是每次都能管用！为此，昆虫们会发展出很多技巧来模仿某种捕食者不感兴趣的生物或自然元素，比如竹节虫（我问您，谁会想要去啃一段木头），或表现得危险一些（长得像胡蜂总是很管用）。

但请留心，捕食者们也有自己的小算盘。我们知道，有些肉食性植物会散发出腐肉的气味来吸引苍蝇。是，我们觉得苍蝇算不上智慧生物，它们一点儿也不聪明！啊，有人说，有些蚂蚁也受到那些想要霸占整个蚂蚁种群的拟态生物的摆布。对，它们确实干得不错！但我们别的蚂蚁就不会被蛊惑！

小小年纪

我们经常看到的是处于成虫期的昆虫，但昆虫在成虫之前往往还要经历不同的阶段。卵、幼虫、蛹和连续的蜕皮等等，这些都是昆虫完成发育的必经阶段。而在每个阶段，它都要小心自己不会被吃掉。

我同意您的看法，当我们还是一粒卵时，想逃跑会很难。而当我们变成毛虫时，真的要非常自信才能起飞以躲开某个天敌！这就是为什么我们从还是卵的时候就开始拟态。有些虫卵看起来就是像植物的种子，有些毛虫像是某种植物，有些幼虫像鸟屎。对，为了活着，有时必须放下自尊！最后，我说这……

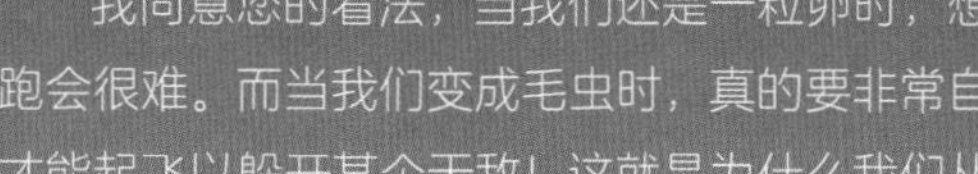

副王蛱蝶
（*Basilarchia archipus*）

拟态

拟态是一种复杂的机制，它在 3 种生物之间发生作用，这三者已经协同进化了数千年。相信我，从昆虫的角度来看，这是代代相传的！我们总会找一种生物作为模仿的对象，用它来逃避被骗过的第三种生物。这第三者会接收到模仿者传递出的信号（最常见的是视觉信号，但也可能是嗅觉信号，生死关头我们也不能光靠看），会认为这种生物是危险的或对它不感兴趣。赌赢了就可以活得更久一点儿。

虽说我们昆虫很早就开始使用这种策略，但是一直到 19 世纪，一位名叫亨利 · 沃尔特 · 贝兹的生物学家才发现拟态这种机制。

对人类来说，让您观察到周围的事物，要花上好久不是吗？

桦尺蠖

伪装

至于伪装，操作起来就很快。有时候经过几代虫子就学会了。对，这更简单，因为伪装是以让自己不被发现的方式来模仿环境中的无生命物体。这也许是一根树枝、一片叶子、一块石头、一段枯木……昆虫有两种伪装方式，**即模仿颜色的色拟和模仿形状的形拟**。啊对，我们是有选择的，我们没有失去选择的权利！

但请注意，伪装更快更简单不意味着它比拟态更容易！嗯，千万别看不起伪装！请给苦苦求生的昆虫一点儿尊重！

竹节虫，又被称为“恶魔之杖”

一个特例

啊，是的，总会有一个特例，我们管它叫自动拟态（与机器无关）。我们说有些生物会自动拟态，是指它们会模仿捕食者身体或它自身的某个部分。啊，我带您去瞧瞧！我向您保证，这不是吃饱了撑的！

有些蝴蝶的翅膀上有眼状斑，看上去就像是一只巨大的眼睛。这会对捕食者产生惊吓的效果——对面那个家伙可能会吃了它，这也给蝴蝶留出了逃生的时间。有些蝴蝶的翅膀花纹是一个倒置的身体。当遭到袭击时，它们就会向另一个方向逃去。挺机灵的，不是吗？

好，我看出您有点儿迷糊了。接下来的这几页，我要把好多伙伴再叫出来。跟着例子，您能更好地理解……

蒙面猎蝽：真脏！

这种蝽虫俗称蒙面猎蝽，这不是说它会在晚上带着它的斗篷和面罩出现，为老弱妇孺行侠仗义，而是说它的若虫**会利用那个小刷子般的爪子拖住灰尘**。它为什么要这样做？它到处粘灰尘是为了让捕食者看不见它。做事可不能半途而废，越脏，效果越好。蒙面猎蝽还可以用这种隐身术抓捕猎物，苍蝇、蜱虫甚至是蜘蛛都能抓到。对蒙面猎蝽来说，干不干净可是一个关于生存的大问题！

竹节虫和叶虫：假装很“自然”

别以为这只是一段树枝或一片树叶就走开了。这说的就是竹节虫和叶虫。**竹节虫为了让人看不见它，模仿出了树枝的方方面面，颜色、瘢痕、结节……叶虫，也是一种竹节虫，看起来完全就像是一片绿叶，它会随着空气的流动缓慢地移动。**竹节虫又被叫作“恶魔之杖”，因为竹节虫会在别的虫子还没发现自己的时候把它们一口吞掉！

食蚜蝇和透翅蛾：像胡蜂一样

专注于模拟一种生物，哪怕这是一种危险的昆虫，食蚜蝇和透翅蛾就是这样干的。这两种昆虫同属双翅目（和苍蝇一样），能够高速飞行、悬停和及时转向。但这些并不足以让它们放心活下来，因此它们还会模仿胡蜂。我向您发誓，捕食者在吞下食蚜蝇之前总要反复看上两遍才放心。至于透翅蛾，这是一种蛾类。就像食蚜蝇一样，它们身上也有黄黑两色。当它们飞行时，我们会以为这是一群蜂，但它们比普通采蜜的蜂更危险。还有，白杨透翅蛾又被叫作蜂蛾。所以，别再弄错了哟！

巨刺竹节虫：最好的办法是模仿一片枯叶

巨刺竹节虫拿定了主意要模仿枯叶。它肯定是认为一片鲜亮的绿叶子会让吃草的动物垂涎三尺！但巨刺竹节虫不止于此，当它还小时（我们称为若虫），它会模仿蚂蚁，而当它抬起腹部时，它又会形成蝎子一样的姿势。如果有虫对我说它这样做不是为了生存，那我真的理解不了。

桦尺蠖：环境污染的后果

桦尺蠖的一生就是个奇怪的故事。桦尺蠖，正如其名，是一种生活在桦树上的夜蛾。就这么简单。它的体色就是桦树树干的颜色，即白色。后来人类在现代化的过程中产生了一种东西，让树干变得越来越脏：这就是煤炭污染。这对这种蛾来说可不是什么好消息！现在，大家都能看见它了！白色盖在黑色上，这对捕食者来说是个绝佳的机会：这简直就是赴宴的邀请函啊！但桦尺蠖并没有就此沉沦。**几代之后，它发生了突变，变成了黑色**（那些还是白色的虫子就得任虫宰割了）。到了 20 世纪末，随着煤炭使用量减少，桦树又变得不那么黑黢黢的了，桦尺蠖又得再来一遍——反向突变一次……就好像桦尺蠖只有这个可干似的！

“猫头鹰”瞪了你一眼

猫头鹰环蝶是一种鳞翅目昆虫（蝴蝶），它有个俗名叫“猫头鹰”。对它来说，要模拟在森林里出没的猛禽，有点困难，因为它实在太小了，所以它选择模仿一部分。在它大大的翅膀（翅长可达 13 厘米）上，有一个巨大的黑黄相间的眼状斑完美地模仿了猫头鹰的眼睛。总的来说，那些想要吃顿简餐的捕食者是不会选择去惹“猫头鹰”的。

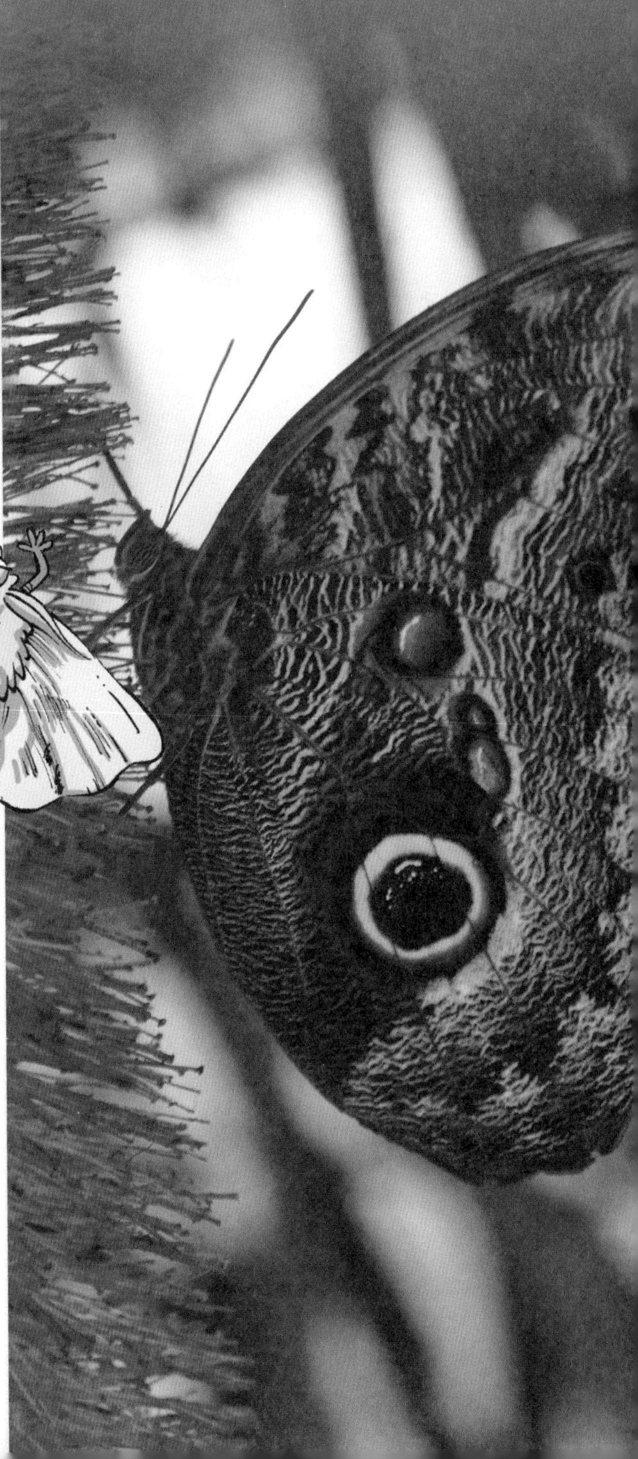

蟹蛛：捕食者也这样

我对您说过，要当心所有虫！因为如果猎物为了隐身而耍各种花招，那捕食者也会这样干！我的证据就是蟹蛛。我想告诉您，海滩上可找不着它。啊不，**有好几种蟹蛛都会模仿植物，它们藏在花里窥伺着猎物。**这种昆虫和花在颜色、花瓣的形态等所有方面都很类似，因此把我们都给骗了。更过分的是，有些蟹蛛含有色素，能根据花的颜色改变体色。真是防不胜防！老实说，自然母亲滥用了自己的能力！是，我们同意谁都要吃饭，但别吃我们呀！

螳螂：这是一束花？

好，我刚告诉您说蜘蛛会藏在花朵里。我还有更绝的。**螳螂会让别的虫相信它就是一朵花！生长在亚洲的兰花螳螂，它的本事就是长得像兰花。**它挂在草茎上，随风摇曳，耐心地等待着某个“快餐”出现。有时候，这个“快餐”会想要吸食花蜜，所以直接停在了螳螂的身上。唉，真不走运！这太讨厌了，我们只能更小心些！

国王和副王：蝴蝶的君主制

君主斑蝶和副王蛱蝶，是两种形似而又不同的蝴蝶。君主斑蝶和它的同伴副王蛱蝶有一样的形状、一样的颜色。但是副王蛱蝶要小得多。如果不是因为这个，它肯定能顺利地取代君主斑蝶登上王位。除此以外，我们很难区分它们。不过，捕食者才不会费心来区分它们，因为这两种蝴蝶都是有毒的。与其去了解两者之间的区别，捕食者更倾向于不去碰它们。

爱伪装的毛虫

毛虫对捕食者来说是一道精选菜肴。毛虫爬得不快，我们也承认它们确实很可口。但有些毛虫为了让自己不在某只大虫子的跗节下或某只大大虫子的嘴里丧命，进化出了一种很特别的拟态。它们改变体态，让自己看起来像蛇，动起来也像蛇！这就是斯芬克斯蛾。**它会挂在树枝上，身体的前端膨胀起来，完全像条蛇般蠕动。**我向您发誓，我们已经很仔细辨认了，但还是会怕一条蛇！

灰蝶：逆向思维

最简单的主意永远是最有效的。如果我们是蝴蝶，拥有色彩斑斓的翅膀，的确非常漂亮，但这也让我们变得很醒目！越容易被看见，就越容易被吃掉！灰蝶就会用一种奇怪的技巧来蒙骗潜在的捕食者。**它们的翅膀上不堆砌各种绚丽图案，只保留了一只蝴蝶的图案！但一切都从反方向来设计，尾突假装是触角，眼状斑会让大家以为这是头部，以此类推。遇袭之时，灰蝶就会反方向逃生。**狡猾的家伙，不是吗？对，我同意，如果捕食者一拥而上，这招就没用了！

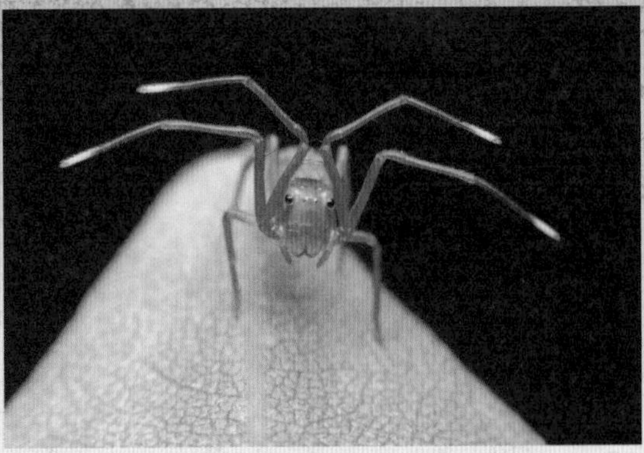

变蚁计

假扮成蚂蚁，就是它们想出的办法！对，我们会在自然界中找到很多例子：蜘蛛模仿我们，毛虫也散布信息素，使我们相信它是我们中的一员，这些都是为了让它们自己能够进入蚁穴或蚁群。

这到底是为了什么，嗯？当然是为了吃我们！这就是真相！您会问我，8 只脚的蜘蛛要怎么伪装成只有 6 只脚的蚂蚁？简单，它用其中的两只脚当触角。蚁蛛就是这样做的，它们就是有伪装的天赋！啊，我承认这很聪明，但也很狡诈，您不觉得吗？

不计代价活下来

有时候，这些技巧都没有用。不管您愿不愿意，捕食者都要吃饭，就是这样。因此，如果所有的伪装和拟态的手段都失败了，我们还是有些别的办法逃离这糟糕的境遇活下来。

自切、假死，外界的帮助，等等。以上这些听起来不太优雅的词语隐含了可以用来逃离捕食者的几种技巧。比如自切，就是昆虫把自身肢体的一部分分离出去，就像是蜥蜴断尾那样。在我们昆虫当中，蝗虫和竹节虫就做得很好，说明这方法还不错。

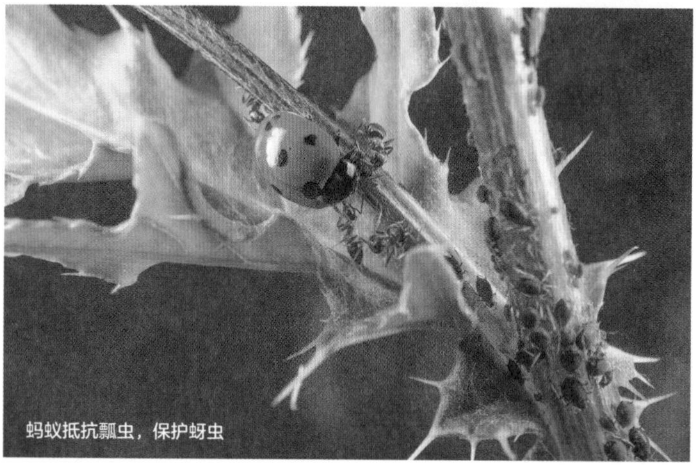

蚂蚁抵抗瓢虫，保护蚜虫

某只虫子不动了，好像死了一样。比如吐血叶甲，它会喷出一点儿血淋巴来驱赶敌人，于是得名于此。其他虫子会寻求外界的帮助，比如角蝉和蚜虫会受到蚂蚁的保护。另一些蚜虫则会摄取寄主植物的气味，让捕食者不敢靠近。的确，所有的瓢虫都不喜欢卷心菜的味道！

如果这一切都没有用，那好吧，那就只好在某个天敌的胃里了却此生了。就是这样，这就是大自然。我们要有信心，也许未来还会进化出什么别的手段。

撰文：[法] 弗朗索瓦 · 沃达扎克
绘图：[法] 科斯比、克里斯托夫 · 卡扎诺夫 & 弗朗索瓦 · 沃达扎克
授权图片：富图力图片公司 (Juan Aunion、Aliasjean、Emodeath、Etfoto、Éric Isselée、Henrik Larsson、Rich Leighton、Mathisa、Paulista、Simonic、Michael Tieck、Dominique Vernier、Vincent、Yauhenka)。

你了解昆虫吗？

请完成下列选择题，看看你是否了解昆虫。别忘了，所有答案都在这本书里哦……祝好运！

1.怎样快速识别一只昆虫？(　　)
a.昆虫很小
b.昆虫有六足
c.昆虫有甲壳

2.什么是单眼？(　　)
a.昆虫头部的光线捕捉器
b.一种抓捕猎物的方式
c.昆虫产卵的地方

3.螳螂又被称为什么？(　　)
a.花园杀手
b.绿衣美人
c.草中虎

4.昆虫的血液是什么颜色的？(　　)
a.红色
b.无色
c.红色、绿色或黄色，这取决于昆虫的种类

5.蚁狮是怎么捕食的？(　　)
a.在沙地里挖一个陷阱
b.像蜘蛛一样织网
c.整个夏天都在唱歌

6.谁会制作蜜露？(　　)
a.蜜蜂
b.蚜虫
c.蜻蜓

7.谁是欧洲最大的昆虫？(　　)
a.天牛
b.甲虫
c.帝王伟蜓

8.哪个国家的人会崇拜圣甲虫？(　　)
a.希腊
b.南非
c.埃及

9.蜜蜂之间是如何交流的？(　　)
a.跳舞
b.在蜂巢里刻画图案
c.鸣叫

10.黑纹食蚜蝇像哪一种昆虫？(　　)
a.螳螂
b.胡蜂
c.蜻蜓

11.在南极洲可以发现哪些昆虫？(　　)
a.没有，因为太冷了
b.苍蝇
c.跳虫

12.瓢虫身上的斑点与什么有关？(　　)
a.昆虫的寿命
b.只是为了美观
c.种类

13.“群居昆虫”是指什么？(　　)
a.过集体生活的昆虫
b.在夜间活动的昆虫
c.只能活3个小时的昆虫

14.我们人类已经认识了多少种昆虫？(　　)
a.约200种
b.超过300万种
c.数十亿种

15.什么是假毛虫？(　　)
a.变成夜蛾的毛虫
b.不会变成蝴蝶和蛾子的毛虫
c.不会织茧的毛虫

16.吐血叶甲是怎么保护自己的？(　　)
a.装死
b.伪装成胡蜂
c.快速逃走

17.什么是成虫？(　　)
a.蜜蜂首领的名字
b.世界上最小的蟋蟀
c.昆虫的一个阶段

18.松异舟蛾的幼虫是怎么活动的？(　　)
a.列队前进
b.跳跃
c.两两拉手前进

19.蜘蛛是一种昆虫吗？(　　)
a.是的，因为这本书里有蜘蛛
b.不是，因为它有8条腿
c.不是，因为它会吃别的昆虫

20.一个世纪以前，马铃薯甲虫生活在哪里？(　　)
a.洞穴里
b.美国
c.土豆加工厂

以下是答案！

1.b 2.a 3.c 4.c 5.a 6.b 7.c 8.c 9.a 10.b

11.c 12.c 13.a 14.b 15.b 16.a 17.c 18.a 19.b 20.b

爆笑昆虫·设计稿

每种昆虫都有自己的特性。 因此我们在绘制草图时就要精心设计，把这些特性表现出来，以下是蜜蜂、大胡蜂、黄蜂、鹿角锹甲和螳螂等昆虫形象的设计草稿，均出自第一册。

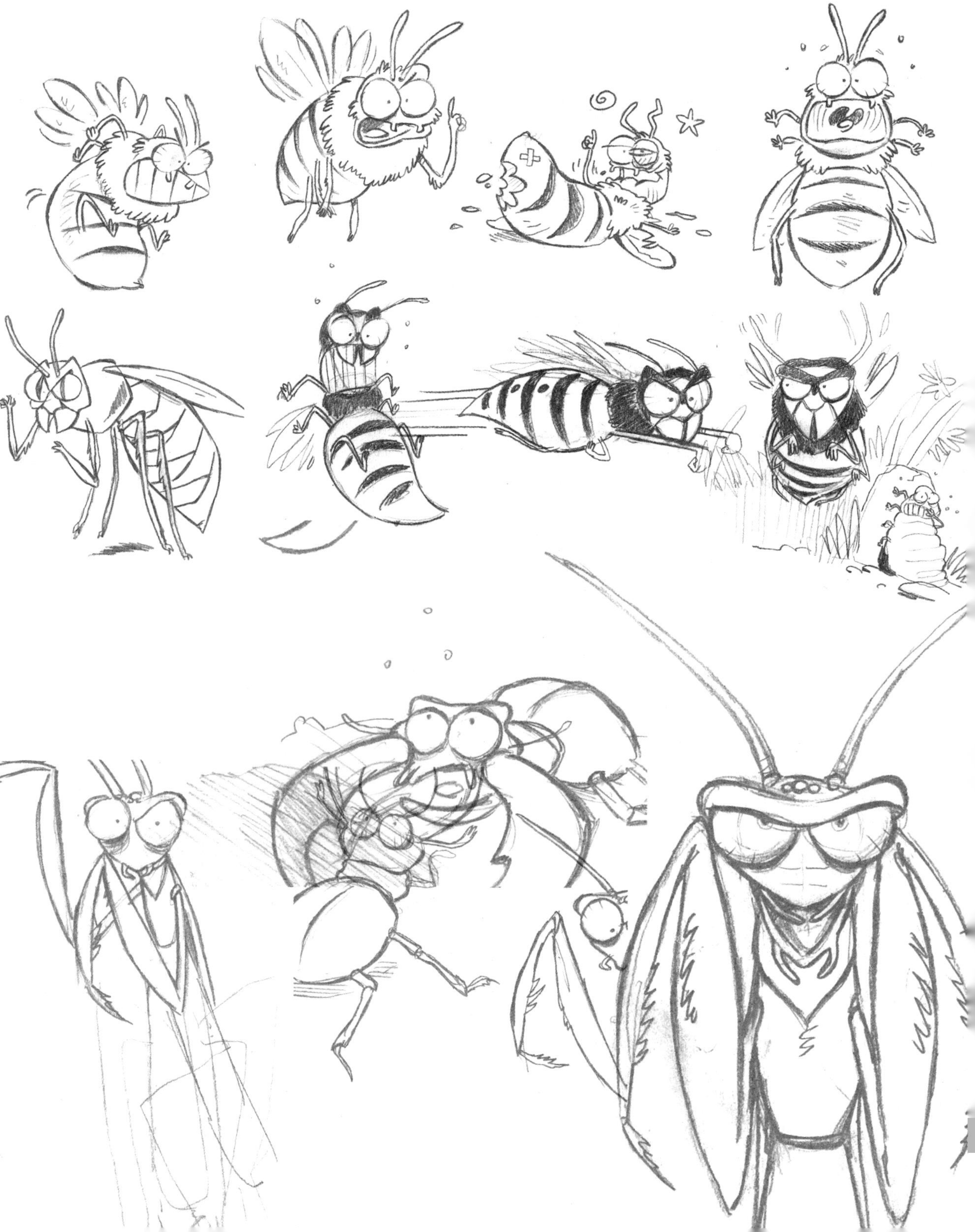

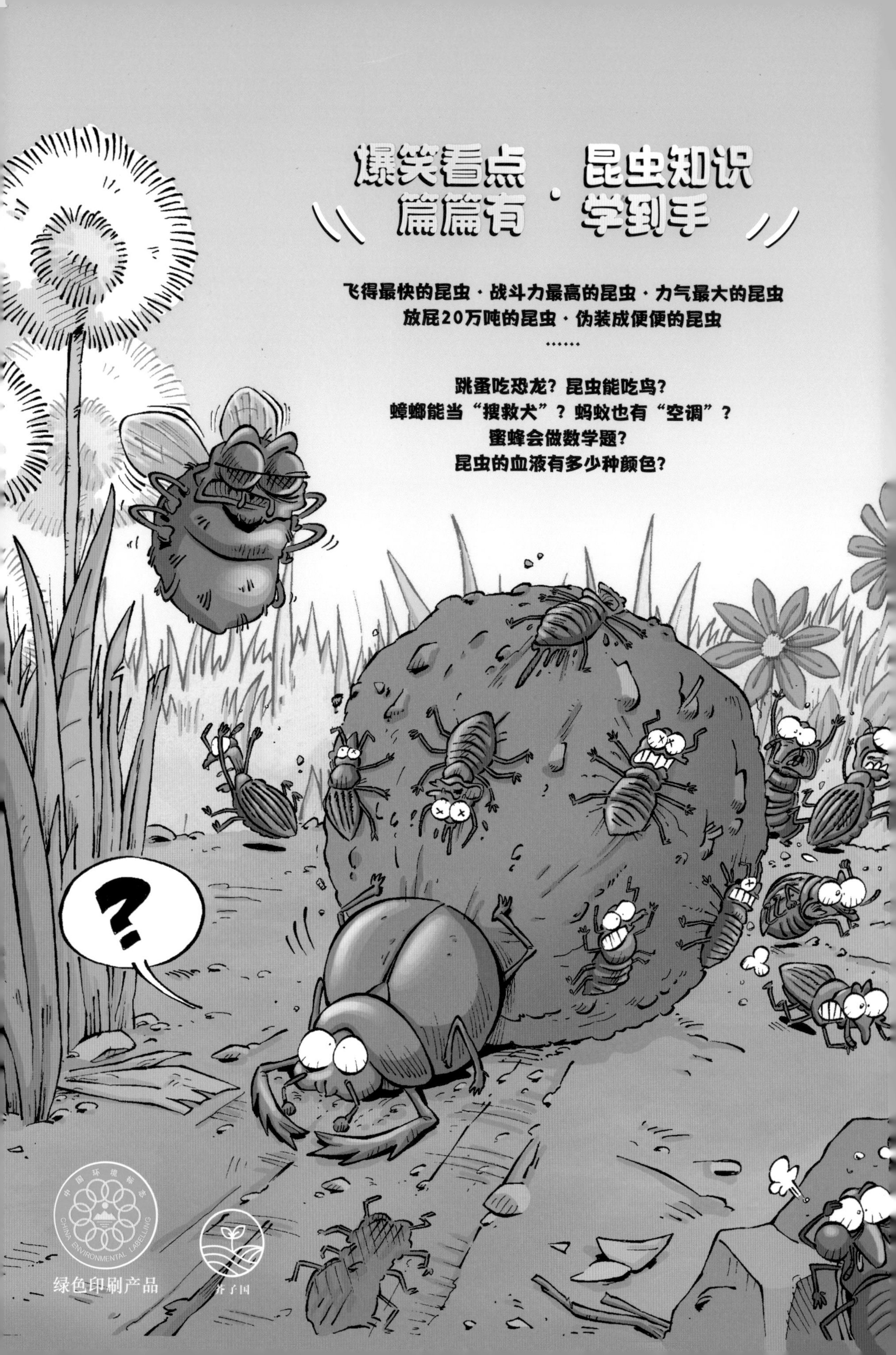
爆笑看点·昆虫知识
篇篇有·学到手
飞得最快的昆虫·战斗力最高的昆虫·力气最大的昆虫
放屁20万吨的昆虫·伪装成便便的昆虫
……
跳蚤吃恐龙？昆虫能吃鸟？
蟑螂能当“搜救犬”？蚂蚁也有“空调”？
蜜蜂会做数学题？
昆虫的血液有多少种颜色？
?
中国环境标志
CHINA ENVIRONMENTAL LABELLING
绿色印刷产品
芥子园